Jens Hasekamp

Der Mercosur - Entstehung, Aufbau, aktuelle Diskussion

GRIN Verlag

Bibliografische Information der Deutschen Nationalbibliothek:

Die Deutsche Bibliothek verzeichnet diese Publikation in der Deutschen National-
bibliografie; detaillierte bibliografische Daten sind im Internet über http://dnb.d-
nb.de/ abrufbar.

Impressum:

Copyright © 2004 GRIN Verlag GmbH
Druck und Bindung: Books on Demand GmbH, Norderstedt Germany
ISBN: 978-3-640-91697-9

Dieses Buch bei GRIN:

http://www.grin.com/de/e-book/20821/der-mercosur-entstehung-aufbau-aktuelle-
diskussion

Seminar:

Südamerika

WS 2003/2004

Der Mercosur

Entstehungshintergrund, Aufbau, aktuelle Diskussion

Jens Hasekamp

3. Sem. LA Gym.

Geografie, Deutsch

Inhalt

1 Einleitung **3**

2 Was ist regionale Integration? **4**

3 Entstehung, Mitglieder und Gremien des Mercosur **5**

3.1 Entstehungshintergrund 5

3.1.1 Bündnisse vor und außerhalb des Mercosur in Südamerika........................... 6

3.1.2 Die internationale Kulisse vor der Gründung des Mercosur 7

3.1.3 Kulturelle Aspekte des Entstehungshintergrundes... 9

3.2 Mitgliedsstaaten und assoziierte Mitglieder, aktuelle Aufnahmeverfahren............10

3.3 Die Gremien des Mercosur...11

3.3.1 Die Entscheidungsorgane...11

3.3.2 Die Hilfs- und Beratungsorgane 12

4 Krisen des Mercosur...**13**

4.1 Politische Krisen..13

4.1.1 Der Mercosur beeinflusst Paraguay – ein Beispiel 14

4.1.2 Die Demokratie-Klausel 15

4.2 Wirtschaftliche Krisen 16

4.2.1 Die Abwertung des Real in Brasilien 1999 16

4.2.2 Die Wirtschaftskrise in Argentinien...19

4.2.3 Auswirkungen wirtschaftlicher Krisen auf den „kleinen Nachbarn" Uruguay 20

5 Kritische Stimmen am Beispiel Perú´s – Mercosur ja oder nein? **22**

6 Transoceánica – Regionale Integration am Fallbeispiel "Straßenbau"...........**24**

7 EU oder USA – wer macht das Rennen um die Gunst Lateinamerikas? **27**

8 Kommentar **28**

Abkürzungen **30**

Quellen **31**

1 Einleitung

Wirtschaftspolitisch waren die vergangenen Jahre geprägt von regionalen
Integrationsprojekten. Die EU, NAFTA (North American Free Trade Agreement), Mercosur
(Mercado Común del Sur[1]) und ASEAN (Association of South-East Asian Nations) sind
Beispiele für einen Prozess, der im Rahmen der allgemein als Globalisierung bezeichneten
Prozesse weltweiter Marktverknüpfungen zu beobachten ist.

1991 entstand mit Unterzeichnung in Asunción der MERCOSUR als südamerikanisches
Bündnis. Zu dieser Zeit hatten bereits entscheidende Entwicklungen sowohl innerkontinental
als auch in den übrigen Kontinenten stattgefunden, die den Rahmen für ein umfassenderes
Bündnis in Südamerika darstellten.

Wie die EU von Frankreich und Deutschland maßgeblich abhängig ist, so ist der Mercosur im
Wesentlichen bestimmt von den wirtschaftlichen Entwicklungen der großen Mitgliedsstaaten
Brasilien und Argentinien. Die kleinen Staaten Uruguay und Paraguay spielen sicher eine
eher untergeordnete Rolle, haben sich aber ganz bewusst dem Projekt bereits zur
Gründungszeit angeschlossen. Derzeit wird das Bündnis um weitere südamerikanische
Nachbarn erweitert, Perú hat im vergangenen Jahr erste Schritte auf dem Weg zu einer
assoziierten Mitgliedschaft unternommen, Bolivien und Chile gelten bereits seit 1996 als
assoziierte Mitglieder, die nach Überarbeitung nationaler Hemmnisse als vollwertige
Mitglieder eintreten sollen. Entsprechende Gespräche mit Chile werden aktuell geführt.

Innerhalb der ersten fünf Jahre hatte der Mercosur bereits eine Entwicklung gezeigt, die auf
beachtliche Erfolge des Integrationsbündnisses hindeutet. So war bereits 1996 der Mercosur
der viertgrößte Wirtschaftsblock nach der EU, NAFTA und ASEAN. Bis 2006 ist die Bildung
einer südamerikanischen Freihandelszone geplant, die einen erheblichen
Argumentationshintergrund für die Vertretung südamerikanischer Interessen in der
weltweiten Diskussion bilden wird.

Die Erfahrungen im Mercosur resultieren inzwischen aus mehr als 10 Jahren
Integrationsarbeit. Dass das Bündnis krisenresistent ist, hat die Überwindung der
Argentinienkrise 1999/2000 gezeigt, wenngleich Kritik an der institutionellen Schwäche des
Mercosur laut wurde, der anders als beispielsweise die EU noch keine intergouvernementale

Einrichtungen besitzt. Bedrohlich erscheinen trotz berechtigter interner Kritikpunkte eher außerhalb des Mercosur stattfindende Prozesse, die das Integrationsanliegen der Mitgliedsstaaten untergraben. Ein deutliches Zeichen gegen ein südamerikanisches Bündnis setzte Präsident Bush Senior bereits 1991, als er mit der Gründung der ALCA (Aerea de libre Comercio de las Americas) die Interessen des Subkontinentes in einen gemeinsamen Kontext einordnen wollte, der einen südamerikanischen Block überflüssig machen würde.

Die vorliegende Arbeit soll den Mercosur deskriptiv vorstellen, einen Einblick in den Entstehungshintergrund bieten und aktuelle Entwicklungen aufzeigen.

2   Was ist regionale Integration?

Der Zusammenschluss getrennter Volkswirtschaften zu einem gemeinsamen Wirtschaftsraum wird allgemein als Integration bezeichnet. Die regionale Integration bezeichnet demnach Prozesse, die innerhalb einer räumlich begrenzten Region, in der Regel unter benachbarten Staaten stattfinden. Es lassen sich verschiedene Integrationsformen unterscheiden, die je nach Art und Umfang eine gewisse Staffelung darstellen. Renate Ohr und Theresia Theurl beschreiben die Prozesse treffend, daher übernehme ich hier die Einordnung[2]:

- **Präferenzzone:** für den Handel bestimmter Güter / Gütergruppen werden den Partnerländern Handelspräferenzen eingeräumt

- **Freihandelszone:** tarifäre und nicht-tarifäre Handelshemmnisse werden unter den Partnerstaaten abgebaut, aber nach außen aufrecht erhalten

- **Zollunion:** die Staaten einer Freihandelszone einigen sich auf eine gemeinsame Außenhandelspolitik gegenüber Drittstaaten

- **gemeinsamer Markt:** Administrative Beschränkungen werden abgeschafft. Hierzu gehören beispielsweise die Liberalisierung des Kapitalverkehrs, die Niederlassungsfreiheit von Unternehmen, freie Wahl von Arbeitsplätzen und ansatzweise Angleichungen der Wettbewerbsbedingungen, damit oft eine gewisse Harmonisierung von Wettbewerbs- und Fiskalpolitik.

---

[1] der Mercado Común del Sur wird im Folgenden vereinfacht als Mercosur bezeichnet
[2] vgl. Ohr, Renate, Gruber, Thorsten (2001), S.3-39

- **gemeinsame Marktordnung:** Schaffung gemeinsamer wirtschaftlicher Rahmenbedingungen. Meistens ist damit bereits eine übernationale Ordnung verbunden, die sich in Preisregulierungen, Mengenregulierungen und Abnahmegarantien äußern.

- **Wirtschaftsunion:** auf der Grundlage des gemeinsamen Marktes werden Bereiche der Ordnungspolitik (Wettbewerb und Soziales), der Strukturpolitik (Verkehr und Industrie) und der Prozesspolitik angeglichen.

- **Währungsunion:** eine gemeinsame Währungspolitik kann feste Wechselkurse und damit eine freie Konvertibilität oder sogar die Einführung einer einheitlichen Währung bedeuten, wie beispielsweise innerhalb der EU praktiziert.

Allen genannten Integrationsprozessen ist die Absicht gemein, gemeinsame Ressourcen zu versammeln, wirtschaftliche Effizienz zu optimieren und die gesamtwirtschaftliche Situation in den Mitgliedsstaaten zu verbessern. Gegenüber Drittstaaten entstehen gemeinsame Argumentationshintergründe, die auf eine intensive Zusammenarbeit der Staaten gründen – ein positiver Nebeneffekt, wenngleich dies nicht zwangsläufig ein primäres Ziel der Integrationspolitik ist.

3 Entstehung, Mitglieder und Gremien des Mercosur

3.1 Entstehungshintergrund

Die Suche nach Beweggründen für die Entstehung des Mercosur als eine südamerikanische Wirtschaftsallianz liefert Argumente aus zweierlei Blickrichtungen:

a) *Innerkontinental* betrachtet gab es bislang keine südamerikanische Initiative, die alle Staaten des Kontinentes integrieren würde. Man betrachtete sich innerhalb des (Sub-) Kontinentes als Konkurrenz, was die Wirtschaft einzelner Staaten stark belastete. Alle zuvor existierenden Bündnisse und Abkommen waren auf einzelne Wirtschaftsgüter, spezielle bilaterale Beziehungen oder aber in ihrer Laufzeit beschränkt.[3]

---

[3] vgl. hierzu Kap. 3.1.1

b) Der Blick auf eine *internationale Wirtschaftskulisse* lässt schnell erkennen, dass die Ordnung welthandelspolitischer Verhältnisse weitgehend ohne Mitsprache der südamerikanischen Staaten ablaufen würde, wenn kein Staatenbund mit entsprechenden Märkten als Argumentationshilfe im Hintergrund seine Mitsprache einfordern würde.

3.1.1 *Bündnisse vor und außerhalb des Mercosur in Südamerika*

Vor der Gründung des Mercosur bestanden bereits verschiedene bilaterale Abkommen zwischen südamerikanischen Staaten. Als erste Vereinbarung mit einer übergreifenden integrativen Zielsetzungen ist wohl die „Asosiación Latinoamericana de Libre Comercio" (ALALC) zu sehen, die 1960 unterzeichnet wurde. Darin erklären Argentinien, Brasilien, Mexico, Paraguay, Perú und Uruguay erstmals die Absicht zur Einrichtung einer gemeinsamen Freihandelszone.

Bereits nach kurzer Zeit der Existenz sahen die kleinen Staaten des Abkommens eine Übervorteilung durch die großen Nachbarn. So schlossen sich Bolivien, Chile, Kolumbien und Ecuador 1976 zum sogenannten Andenpakt zusammen, der „Comunidad Andina" (CAN), der sich auch Venezuela anschloss. Man versteht sich als Handelsverband der andinischen Staaten und hat weniger das Gesamt-südamerikanische Abkommen im Blick als vielmehr eine Interessensvertretung der kleinen Andenstaaten zum Ziel.[4] 1983 eskalierten die Auseinandersetzungen zwischen Perú und Chile, schließlich verlässt Chile den Verband und nutzt als stärkste wirtschaftliche Macht des CAN seine Vorteile im internationalen Handelsgeschäft.

Parallel zur CAN wurde in Form zunächst bilateraler Abkommen eine neue Grundlage für ein integratives Bündnis gelegt. 1974 schloss Uruguay mit dem „großen Nachbarn" Argentinien ein bilaterales Präferenzabkommen (CAUCE), gefolgt von einem ähnlichen Vertrag mit Brasilien (PEC). Beide Verträge hatten zum Ziel, die stark defizitären Handelsbeziehungen auf Seiten Uruguays abzubauen und durch gegenseitigen Abbau von Handelsschranken und durch bilaterale Investitionen durch gewinnbringende Austauschgeschäfte zu ersetzen.

Unabhängig von CAUCE und PEC hatten sich auch Argentinien und Brasilien 1986 ebenfalls vertraglich verpflichtet, die gegenseitigen Rivalitäten aufzugeben. Im „Programa de

---

[4] Diaz Porta (2001), S. 3

Integration Argentina – Brasil" (kurz: PICAB) waren erste Vorläufer aktueller integrativer Wirtschaftspolitik gelegt. 1986 unterzeichneten die beiden Staaten dieses erste bilaterale Abkommen, dass in der Überarbeitung 1988 bereits die Ziele der Integrationsbestrebungen deutlich zum Ausdruck bringt. Im 1988 von Brasilien und Argentinien unterzeichneten „Tratado de Integración, Cooperación y Desarrollo" (TICD: Vertrag zur Integration, Kooperation und Entwicklung) sprach man erstmals von den konkreten Vorhaben zum Abbau gegenseitiger Handelshemmnisse innerhalb von 10 Jahren.[5]

1990 wurde dieser Zeitraum drastisch gekürzt. Im Rahmen des im Regionalbündnis ALADI unterzeichneten „Acuerdo de Complementación Económica N.° 14" (Vertrag zur wirtschaftlichen Vervollständigung Nr. 14) wurden 1990 alle Mechanismen festgelegt, die in der Gründung des Mercosur münden sollten.

3.1.2 Die internationale Kulisse vor der Gründung des Mercosur

Vor der Gründung des Mercado Común del Sur (Mercosur) galt das südliche Lateinamerika als eine Region geldpolitischer Instabilität. Die großen politischen, wirtschaftlichen und gesellschaftlichen Unterschiede waren (und sind) begleitet von erheblichen regionalen Disparitäten innerhalb der Nationen und unter den lateinamerikanischen Staaten. Vor dem Hintergrund der weithin als „Globalisierung" bezeichneten Prozesse globaler wirtschaftlicher Annäherung und wachsender Verflechtungen von Handelsbeziehungen bestanden oder entstanden in der damaligen Diskussion in den wichtigsten wirtschaftlichen Konzentrationsräumen Nordamerikas, Europas, des vorderen Orients und Asiens bereits bedeutende Blockbündnisse, die in ihrem gemeinsamen Auftreten auf der Basis langjähriger Annäherung innerhalb der Welthandelsdiskussionen auf globaler Ebene bereits entscheidende Mitspracherechte besaßen. An dieser Stelle möchte ich nur eine ganz kleine Auswahl der größten Blockbündnisse nennen.

NAFTA:

Im November 1992 unterzeichneten die Gründerstaaten USA, Kanada und Mexico das North American Free Trade Agreement (NAFTA) und begründeten damit die Vorläufer des angestrebten weltweit größten Handelsbündnisses ALCA. Unter der Federführung der USA soll mit der ALCA eine gesamtamerikanische Freihandelszone entstehen, zu der sämtliche

---

[5] vgl. Sangmeister, Hartmut (2001), S. 3

südamerikanischen und nordamerikanischen Staaten gehören. Die NAFTA als Vorgänger integriert mit Ausnahme Alaskas die nordamerikanischen Staaten bereits unter einheitlichen Handelsbedingungen, die innerhalb der ALCA im Wesentlichen übernommen werden sollen.

EU:

Die Europäische Union ist eines der ältesten Wirtschaftsbündnisse, wenn man von der Unterzeichnung der Verträge in Maastricht 1993 auf den Vorläufer der seit 1957 existierenden EG (Europäische Gemeinschaft) zurückblickt. Bislang haben 15 Staaten die Mitgliedschaften unterzeichnet: Belgien, Dänemark, Deutschland, Griechenland, Spanien, Frankreich, Irland, Italien, Luxemburg, Niederlande, Österreich, Portugal, Finnland, Schweden, Großbritannien.

ASEAN:

Der asiatische Handelsblock ist seit seiner Gründung 1984 neben den Staaten der GUS und China ein gewichtiger asiatischer Handelspartner, dem die Staaten Brunei, Kambodscha, Indonesien, Malaysia, Myanmar (Birma), Laos, Philippinen, Singapur, Thailand und Vietnam in den Jahren von 1984 bis 1997 beigetreten sind.

AU:

Die afrikanische Initiative integriert 53 afrikanische Staaten innerhalb der Union. Mit Ausnahme der arabischen Staaten und Marokko sind alle afrikanischen Staaten Mitglieder der AU:

Ägypten , Algerien ,Angola, Äthiopien, Benin , Botswana, Burkina Faso, Burundi, Kap Verde, Djibouti, Elfenbeinküste, Äquatorialguinea, Eritrea, Gabun, Gambia, Ghana, Guinea, Guinea-Bissau, Kamerun, Kenia, Komoren, Kongo, Lesotho, Liberia, Libyen, Madagaskar, Malawi, Mali, Mauretanien, Mauritius, Mosambik, Namibia, Niger, Nigeria, Ruanda, São Tomé & Príncipe, Senegal, Seychellen, Sierra Leone, Somalia, Simbabwe, Südafrika, Sudan, Swaziland, Tansania, Togo, Tschad, Tunesien, Uganda, West Sahara, Zaire (Kongo), Zambia, Zentralafrikanische Republik

Die AU muss sicherlich nicht in erster Linie als Wirtschaftsbündnis gesehen werden, das mit den erstgenannten vergleichbar wäre. Neben dem Abbau wirtschaftlicher Handelshemmnisse stehen sicherlich rechtliche/ menschenrechtliche und politische Zielsetzungen im Vordergrund. Dennoch haben die AU – Staaten die Einrichtung einer Art Zollunion zum Ziel, die anderen Blockbündnissen ähnlich ist. Bislang wurden keine bündnisweiten Abkommen mit Drittstaaten unterzeichnet.

GUS:

Eine Sonderrolle im internationalen Staatenbundvergleich stellen sicherlich die Nationen dar, die als die „Gemeinschaft Unabhängiger Staaten" aus der ehemaligen Sowjetunion hervorgingen. Die Wirtschaftsverhältnisse der noch immer im Übergang aus sozialistischer Volkswirtschaft in die Marktwirtschaft befindlichen Nationen lassen derzeit wenig Prognosen über deren zukünftige Relevanz am weltwirtschaftlichen Geschehen zu, allerdings findet man in den Staaten der GUS in der Zusammenfassung einen der weltweit größten Märkte, der seiner Stimme entsprechendes Gewicht verleiht.

Die sogenannten Entwicklungsländer, von denen der lateinamerikanische Raum dominiert wird, besaßen zwar Ansätze von Zollbündnissen, nur waren die kleinräumig, auf Warengruppen oder Branchen beschränkt oder in ihrer Größe zu unbedeutend, um an einer aktuellen Diskussion über die Entwicklungen im globalen Wirtschaftsgeschehen teilnehmen zu können.

In der aktuellen Diskussion nimmt Lateinamerika ohne Zweifel zur Kenntnis, dass maßgeblich die nordamerikanische Wirtschaft, die EU und die asiatischen Konkurrenten die „Global Player" der Globalisierung sind. Der Wunsch, am globalen Geschehen teilzuhaben, wird inzwischen recht einheitlich wahrgenommen. Man ist sich in Lateinamerika bewusst, dass die Entwicklung zu den heute vorhandenen Strukturen weitgehend ohne seine Beteiligung verlaufen ist. Umso bedeutender erscheint das Streben nach Mitspracherecht an der Diskussion um die zukünftige Gestaltung globaler Vereinbarungen und die Beteiligung an der Entwicklung weltwirtschaftlicher Rahmenbedingungen.

3.1.3 Kulturelle Aspekte des Entstehungshintergrundes

Die in den 80er Jahren spürbare Öffnung Lateinamerikas wurzelt neben rein wirtschaftlichen Erkenntnisprozessen und damit verbundenen ökonomischen Interessen in Prozessen demokratischer Entwicklung. Die Umwandlungen diktatorischer und militärdiktatorischer Regime zu (wenigstens offiziell) funktionierenden Demokratien kennzeichnet einen veränderten geistigen Hintergrund, der von einer breiten Basis der Bevölkerung getragen und von geistigen Sprechern aus Religion und Politik öffentlich diskutiert wurde. Wenngleich jedes Land seine spezifischen kulturellen Wurzeln, individuelle historische Hintergründe und politische Entwicklungen aufweist, so ist insgesamt doch eine Strömung erkennbar, die Lateinamerika einheitlich kennzeichnet: die als „Theologie der Befreiung" bezeichnete Strömung der Theologie wird vielfach als „Motor" der Demokratisierung gesehen.

Die fortschrittlichen Gedanken der überwiegend lateinamerikanischen Theologen (insbesondere Gustavo Guitierrez, Dom Helder Camara, der Pater Carrera und der inzwischen wieder in Deutschland lebende Johann Baptist Metz) haben mit ihren Veröffentlichungen die geistige Entwicklung aus der Abhängigkeit, die sich auch in der geistigen Welt wiederfindet, maßgebliche Grundlagen hin zu einem „eigenen Weg" der Öffnung und Entwicklung gelegt. Der Weg als Sinnbild einer religiösen Lebensrealität der lateinamerikanischen Bevölkerung ist eine wesentliche Grundlage des politischen Wandels.

3.2 Mitgliedsstaaten und assoziierte Mitglieder, aktuelle Aufnahmeverfahren

Am 26.03.1991 schlossen sich auf Initiative Argentiniens und Brasiliens beide Staaten mit Paraguay und Uruguay zu einem vierköpfigen südamerikanischen Handelsbündnis zusammen. Bis heute sind diese vier Staaten die einzigen festen Mitglieder des MERCOSUR, dessen Verträge in Asunción (Paraguay) unterzeichnet wurden.[6] Der Mercosur trat nach Ratifizierung durch die Parlamente aller vier Mitgliedsstaaten am 28.11.1991 in Kraft.

Chile ist seit dem 25.06.1996 und Bolivien seit dem 17.12.1996 assoziiertes Mitglied. Beiden Nationen stehen die Mercosur-Staaten als Freihandelspartner zur Verfügung, sie haben ihrerseits bilaterale Verträge mit dem Mercosur für eine Zollunion unterzeichnet. Politische Mitsprache ist den assoziierten Mitgliedern nicht möglich. Gleichwohl gelten die Verpflichtungsklauseln auch für sie, in denen beispielsweise die Wahrung der Demokratie unbedingte Voraussetzung für gemeinsames Handeln ist.[7]

Ecuador und Perú haben im August 2003 zunächst bilaterale Verträge mit dem Mercosur unterzeichnet. Perú ist als assoziiertes Mitglied seit Dezember 2003 akzeptiert, allerdings wird mit dem Eintritt in den Integrationsprozess, dessen erster Schritt genommen ist,

---

[6] man findet deshalb in der Literatur oft anstelle der Bezeichnung „Mercosur" einen Hinweis auf „die Verträge von Asunción"
[7] vgl. hierzu Kap. 4.1.2

Forderungen verbunden, die Perú vor einer Aufnahme als vollwertiges Mitglied zu erfüllen hat.[8]

Nachgedacht wird derzeit ebenfalls über ähnliche Verträge mit Venezuela und über eine Aufnahme Chiles als vollwertiges Mitglied.

3.3 Die Gremien des Mercosur

Als ernstzunehmendes Integrationsprojekt braucht auch der Mercosur eine institutionelle Konstitution, die den organisatorischen Rahmen und rechtlichen Hintergrund für ein Wirtschaftsbündnis darstellt.

Für den Mercosur kennzeichnend sind dabei drei Hauptmerkmale:

a) Anders als die EU verfolgt der Mercosur nicht die Absicht, als regierungsübergreifendes politisches System die Souveränität der Mitgliedsstaaten aufzuheben und auf bündniseigene Organe zu übertragen.

b) Der Mercosur gilt seit dem Protokoll von Ouro Preto als juristische Person internationalen Rechts. Er ist als von den Mitgliedsstaaten unabhängiger autonomer Handelspartner im internationalen Handelsrecht mit allen Rechten ausgestattet, die notwendigen Schritte zur Erlangung der definierten Ziele durchzuführen.

c) der institutionelle Aufbau des Mercosur hat noch immer provisorischen Charakter

3.3.1 Die Entscheidungsorgane

CMC (Consejo del Mercado Común) – der Rat des Gemeinsamen Marktes:

Die politische Führung nimmt der CMC war, der die Außen- und Wirtschaftsminister aller Mitgliedsstaaten versammelt. Mit rotierendem Vorsitz tagt der CMC nach Bedarf, mindestens jedoch halbjährlich. In Anwesenheit aller Mitglieder werden Entscheidungen im Konsensverfahren getroffen (dieses Entscheidungsverfahren gilt für alle Organe des Bündnisses). Der Rat kann bei Bedarf Organe einrichten und Versammlungen einberufen.

---

[8] vgl. hierzu Kap. 6

GMC (Grupo Mercado Común) – Gruppe des Gemeinsamen Marktes:

Als Exekutivorgan ist die GMC dem CMC untergeordnet. Die normativen Tätigkeiten werden innerhalb des CMC beschlossen und in der Durchführung an den GMC weitergeleitet. Die Mitglieder werden von Vertretern der Regierungen gewählt. Mitglieder können Außen- und Wirtschaftsminister und Mitglieder der Zentralbanken sein. Die GMC sieht ihre Hauptaufgaben in den folgenden Arbeiten:

- Überwachung der Einhaltung des gemeinsamen Vertrages

- Durchführung von notwendigen Schritten zur Umsetzung der im CMC getroffenen Entscheidungen

- Erarbeitung von Vorlagen für den Abschluss von Handelsverträgen mit Drittstaaten, Abstimmung der Wirtschaftspolitik und Realisierung der Liberalisierungsvorhaben

- Erarbeitung von Vorschlägen zur Weiterentwicklung des Mercosur, Vorlage konkreter Maßnahmen, Beurteilung von Resolutionen

Die GMC kann weitere Arbeitsgruppen bilden, zu denen unterstützend weitere externe Fachleute herangezogen werden können (SGT – Subgrupos de Trabajo).

CCM (Comisión de Comércio del Mercosur) – Handelskommission des Mercosur:

Dem GMC untergeordnet erarbeitet die CCM verbindliche Richtlinien (und Vorschläge) und überwacht die Einhaltung der gemeinsamen Verträge. Die CCM besteht aus vier festen und weiteren vier stellvertretenden Mitgliedern pro Mitgliedsstaat, die mindestens einmal monatlich und zusätzlich bei Bedarf tagen.

3.3.2 Die Hilfs- und Beratungsorgane

CPC (Comisión Parlamentária Conjunta) – Gemeinsame parlamentarische Kommission:

Die CPC nimmt die Aufgaben eines Repräsentativorgans für die nationalen Parlamente war. Jedes Land wählt die gleiche Anzahl von Vertretern nach seinem eigenen Wahlvorgehen aus den Reihen der Parlamentarier, so dass hier ein Organ mit breiter Interessensvielfalt repräsentative und beratende Tätigkeiten wahrnehmen kann. Hauptaufgabe ist die

Beschleunigung der Verabschiedung und Bearbeitung von gesetzgebenden Vorlagen, die dann der GMC und dem CMC vorgelegt werden.

FCSE (Foro Consultivo Económico-Social) - Beratungsforum für Wirtschafts- und Sozialfragen:

Wirtschaftliche und gesellschaftlich- soziale Sektoren sind im FCSE vertreten. So soll der private Sektor an den Entscheidungen der Organisationen beteiligt werden. Das FCSE beschließt einstimmig (wie in den übrigen Organisationen) über Empfehlungen, die an die GMC weitergeleitet werden. Jeder Mitgliedsstaat ist mit gleicher Anzahl von Vertretern bei Entscheidungen anwesend.

SAM (Secretaria Administrativa del Mercosur) – Verwaltungssekretariat:

Organisatorische Unterstützung leistet das Verwaltungssekretariat in Montevideo (Uruguay). Der Mercosur gibt ein Mitteilungsblatt aus, dessen Veröffentlichung durch das Verwaltungssekretariat durchgeführt wird. Sämtliche Protokoll-, Archiv- und Schreibarbeiten und die Organisation der Tagungen werden durch das Sekretariat durchgeführt. Alle Organe des Mercosur können die Dienste des Sekretariates in Anspruch nehmen.

4   Krisen des Mercosur

4.1   mögliche Ursache politischer Krisen

Mit dem Beitritt zu Handelsbündnissen wie dem Mercosur wachsen die Interdependenzen unter den Mitgliedsstaaten. Neben eigenen innenpolitischen Faktoren üben nun die Bündnispartner erheblichen Einfluss auf die nationale Politik aus. Sanktionen sind ein effektives Mittel, innenpolitische Prozesse, die eine Stabilität des Bündnisses beeinträchtigen können, zu unterbinden oder präventiv zu verhindern. Die Autonomie der Staaten ist also erheblich geringer geworden.

Nicht immer müssen diese Einschränkungen zwangsläufig als negativ oder die Überwachung durch externe Beobachter als repressiv gesehen werden. Es finden sich sogar Argumentationen, die von der Globalisierung als Initiator für Demokratisierungsprozesse sprechen, wie es Anderson 1991 von südamerikanischen, asiatischen und einigen afrikanischen Staaten behauptet.[9]

Die Mitgliedsstaaten des Mercosur sind allesamt erst spät zu demokratischen Politsystemen übergegangen, eigentlich erst in den 80er Jahren.[10] Paraguay ist als letzte Diktatur 1989 auf äußeren Druck in eine Demokratie übergegangen, der Präsident Stroessner wurde als letzter Diktator abgesetzt.

Eine ernstzunehmende politische Krise erlebte der Mercosur infolge der wirtschaftlichen Schwächen nach der Abwertung des Real, der brasilianischen Währung, in den Jahren 1998/99. Argentinien sah sich aufgrund der Produktschwemme brasilianischer Importe genötigt, erneut Handelshemmnisse aufzubauen. Brasilien antwortete prompt mit einem Index argentinischer Produkte, deren Import untersagt wurde. Die Einigkeit im Mercosur ausgerechnet der wichtigsten Mitglieder war verloren und konnte nur mühsam wiederhergestellt werden.[11]

4.1.1 Der Mercosur beeinflusst Paraguay – ein Beispiel

Die immer wieder aufkommenden Gefährdungen der Demokratie in Paraguay sind ein gutes Beispiel für die Darstellung eines durchaus positiven Einflusses auf nationale Entwicklungsprozesse eines Mitgliedsstaates.

Der Gründungsvertrag des Mercosur wurde 1991 in Asunción, der Hauptstadt Paraguays, unterzeichnet. Erst zwei Jahre zuvor war die Stroessner-Diktatur abgelöst worden. Dieser Schritt sollte nicht zuletzt auch die junge Demokratie stärken und das Land nach außen deutlich öffnen.

1996 forderte der erste General der Armee Lino Oviedo die Auseinandersetzung mit dem Präsidenten des Landes heraus, als er sich gegen seine Absetzung auflehnte. Er drohte dem Präsidenten mit einem Militärputsch für den Fall, dass seine Absetzung nicht rückgängig gemacht würde. Als der Präsident des Landes sich dem Druck beugen wollte, deuteten die

---

[9] vgl. Anderson, Jeffrey J. (1991), S. 6

[10] In Argentinien kann man von einer Demokratie erst mit der Wahl der Präsidenten Alfonsín 1983 sprechen, zuvor war das Land vom ständigen Wechsel zwischen ziviler und militärischer Regierung geprägt. Brasilien führte mit dem Amtsantritt des Sarney 1985 den Regimewechsel durch, Uruguay konnte mit dem Antritt des Präsidenten Sanguinetti 1985 die Demokratie wiedererlangen.

[11] Näheres hierzu unter 4.2.1

USA und Brasilien wirtschaftliche Sanktionen und der Mercosur den Ausschluss Paraguays an. General Oviedo blieb abgesetzt, die Demokratie also nicht zuletzt auf den Druck der Bündnispartner hin gesichert.

Nach der Ermordung des Vizepräsidenten Luis María Argaña 1999 sah sich Paraguay vor einer Verfassungskrise – dem Präsidenten wurde in Kooperation mit General Oviedo vorgeworfen, für die Ermordung verantwortlich zu sein. Man drohte dem Präsidenten mit einem Amtsenthebungsverfahren durch den Kongress. Gewalttätige Auseinandersetzungen in Demonstrationen gegen den Präsidenten mündeten schließlich in der Flucht des Präsidenten und des Putschgenerals Oviedo. Brasilien und Argentinien gewährte den Flüchtigen Asyl und nahmen entscheidenden Vermittlungsaufgaben war. Auch in dieser Krise drohte der Mercosur dem Präsidenten mit dem Ausschluss im Falle einer Verfassungsänderung. Auch in diesem Fall ist der Mercosur also ausschlaggebend für den Erhalt der Demokratie beteiligt gewesen.

4.1.2 Die Demokratie-Klausel

Bei der Gründung des Mercosur waren bereits demokratische Ziele definiert worden, jedoch waren die Formulierungen reine Absichtserklärungen. 1996, nach der Regierungskrise in Paraguay, wurde der Vertrag von Asunción um die sogenannte Demokratie-Klausel erweitert. Darin heißt es u.a.:

> „Jegliche Verletzung der demokratischen Ordnung ist ein unakzeptables
> Hindernis zur Fortsetzung des Integrationsbündnisses und für das von
> diesem Ordnungsbruch betroffene Mitglied. [...] Sollten die [...] Beratungen
> (zur Wahrung der Demokratie im Falle eines drohenden Bruches) [...]
> ineffektiv sein, werden die Parteien die Anwendung der angemessenen
> Maßnahmen überprüfen. Diese Maßnahmen können von der Suspendierung
> der Rechte und Pflichten die von den Mercosur-Normen und außerdem von
> den Abkommen zwischen jeder einzelnen Partei und dem Mitgliedsstaat
> hervorgehen reichen."[12]

Die Demokratie ist dem Mercosur nun als Grundvoraussetzung für einen Beitritt zugrundegelegt worden, eine Verletzung der demokratischen Ordnung wird mit Sanktionen

---

[12] Pacheca Osório, Sandra (2002), S. 34

beantwortet. Der Mercosur hat in der Praxis am Beispiel Paraguays seine Fähigkeiten demonstriert und nutzt nun bewusst die Argumentationskraft zur Sicherung der jungen Demokratien, die vielleicht in besonderem Maße noch durch wirtschaftliche Probleme gefährdet sind.

4.2 Wirtschaftliche Krisen

Wirtschaftliche Verflechtungen unter den Mercosur-Staaten können neben positiven Affekten, die durch den Abbau von Handelsbarrieren entstehen, durchaus auch wirtschaftliche Dependenzen schaffen. Besonders die Krisen in Brasilien und Argentinien müssen die gesamtwirtschaftliche Situation auch der kleinen Mitgliedsstaaten Paraguay und Uruguay beeinflussen, die von der Im- und Exportfähigkeit der großen Nachbarn im Rahmen einheitlicher Verträge mit Drittstaaten abhängig sind.

Die Abwertung des *Real* in Brasilien und die Wirtschaftskrise in Argentinien sind zwei Beispiele für die Auswirkungen von Krisen auf die kleinen Nachbarn.

4.2.1 Die Abwertung des Real in Brasilien 1999

1999 registrierte man einen deutlichen Rückgang der wirtschaftlichen Entwicklung im Mercosur. Eine der Ursachen ist die Abwertung der brasilianischen Währung. Die Devisenpolitik war ursprünglich wegen der Mexikokrise 1995 an festen Wechselkursen orientiert. 1999 musste Brasilien aufgrund der drastischen Verluste der mexikanischen Devisen seine Währung freigeben, die feste Kursstrategie wurde nach erheblichen Verlusten aufgegeben. Folge war, dass der brasilianische Real aufgrund der allgemeinen weltwirtschaftlichen Entwicklung, aber auch aufgrund einer sich abzeichnenden landesinternen Rezession deutlich verlor. Die Wechselwirkung von Abwertung und unterlassener Intervention der Zentralbank führte schließlich zu dramatischen Verlusten, die die Importgeschäfte dramatisch beeinflussten und zugleich zu einer Überschwemmung des lateinamerikanischen Marktes mit brasilianischen Produkten führte, die vor allem den zweiten großen Mercosur-Partner Argentinien betraf, da Argentinien brasilianische Güter in großem Umfang importierte.

Zwischen Argentinien und Brasilien brachen vehemente Auseinandersetzungen aus, die gar als „Handelskrieg"[13] bezeichnet werden: beidseitig wurden zahlreiche nicht-tarifäre

---

[13] vgl. Pacheca Osório, Sandra (2002), S. 36

Handelsbarrieren aufgebaut, um die einheimische Wirtschaft zu schützen. Argentinien sperrte beispielsweise die Einfuhr von Produkten der Schuhindustrie, um die eigenen Produzenten zu schützen. Brasilien setzte daraufhin über 400 argentinische Produkte auf den Import-Index.[14]

Inwieweit der Rückgang der Importe und Exporte Brasiliens mit ihrer Ursache in der Abwertung des Reals und den damit verbundenen Auswirkungen auf die übrigen Partnerstaaten des Mercosur in Verbindung gebracht werden können, ist angesichts der weltweiten wirtschaftlichen Einbußungen nicht eindeutig zu sagen, ein Zusammenhang zwischen Brasiliens rückläufiger Entwicklung und der im gesamten Mercosur verzeichneten Parallelitäten sind jedoch auffällig.

Ursprung	1998	%	1999	%	Differenz 98/99 in %
Total	57.729.885	100	49210313,55	100	-14,76
Mercosur	9.423.886.41	16,32	6.718.907,28	13,65	-28,70
Argentinien	8.032.609,54	13,91	5.812.388,71	11,81	-27,64
Paraguay	349.018,91	0,60	259.808,03	0,53	-25,56
Uruguay	1.042.257,96	1,81	646.710,54	1,31	-37,95

Tabelle 1: Importe Brasiliens nach Ursprungsland (in Tausend US$)[15]

---

[14] vgl. Niess, Frank (1999), S. 22

[15] Balança Comercial Brasileira, Dezembro 1999, Secretaria de Comércio Exterior, Ministério do Desenvolvimento, Indústria e Comércio Exterior, Brasil; In: O´Connel, Arturo (2001), S. 32

Ziel	1998	%	1999	%	Differenz 98/99 in %
Total	51.139.861,55	100	48.011.444,03	100	-6,12
Mercosur	8.878.233,84	17,36	6.777.871,67	14,12	-23,66
Argentinien	6.748.203,94	13,20	5.363.954,06	11,17	-20,51
Paraguay	1.249.436,21	2,44	744.284,06	1,55	-40,43
Uruguay	880.593,69	1,72	669.633,55	1,39	-23,96

Tabelle 2: Exporte Brasiliens nach Empfängerland (in Tausend US$)[16]

Die Auswirkungen der Abwertung des brasilianischen Real waren 1999 innerhalb des Mercosur deutlich spürbar. Insgesamt ging der Intrahandel unter den Mercosurstaaten deutlich zurück (um ca. 25%), konnte sich aber bereits im Jahr 2000 um 17% wieder steigern. Besonders die gesteigerten Ausfuhrraten an Drittländer waren für die schnelle Erholung verantwortlich.

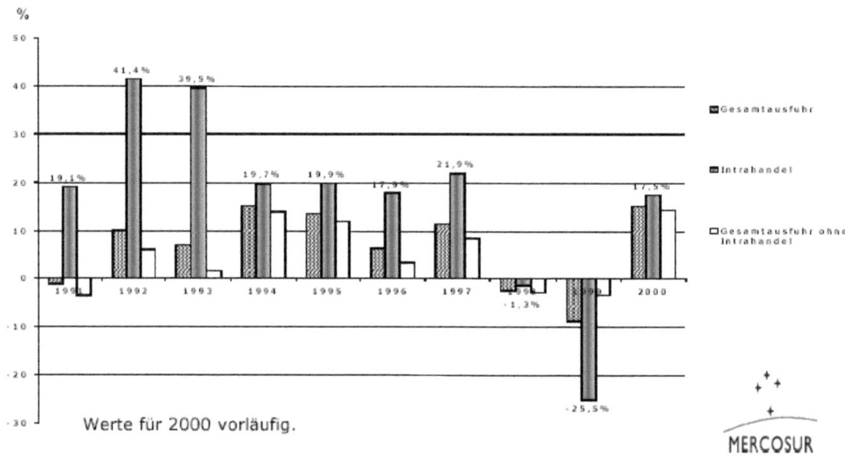

Abbildung 1:   Jährliche Wachstumsraten der MERCOSUR-Gesamtausfuhren und des Intrahandels 1991-2000 (in %)[17]

---

[16] Balança Comercial Brasileira, Dezembro 1999, Secretaria de Comércio Exterior, Ministério do Desenvolvimento, Indústria e Comércio Exterior, Brasil; In: O´Connel, Arturo (2001), S. 34

[17] Sangmeister, Hartmut (2001), S. 9

4.2.2   Die Wirtschaftskrise in Argentinien

Argentinien blickt als drittgrößte Wirtschaft Lateinamerikas auf eine lange Geschichte der Auslandsverschuldung zurück. Zwischen 1976 und 1983 verzeichnete man einen Anstieg der Verschuldung von 7,8 Mrd. US$ auf 45,1 Mrd. US$.[18]

1982 war die Schuldenkrise zum offenen Diskussionspunkt im IWF und der Weltbank geworden. Mit 200% monatlicher Inflation und einem Defizit im öffentlichen Sektor von 21% des BIP stellte Argentinien eine Gefahr für alle beteiligten Investoren und Handelspartner dar. Die Schulden privater Unternehmen wurden 1991 auf die Empfehlung des IWF verstaatlicht, dies war wiederum mit erhöhter Auslandsschuld von rund 14,3 Mrd. US$ verbunden. Allein die Zinszahlungen stiegen auf jährlich rund 33 Mrd. US$ an.[19]

1991 nahm ein zweiter Zyklus der Verschuldungskrise seinen Lauf, als Präsident Menem die Verschuldung von 48,6 Mrd. US$ auf 144,7 Mrd. US$ in den Jahren von 1991 bis 1999 billigte. Wieder wurden hochverschuldete Unternehmen gegen Schuldenerlass erheblich unter Wert veräußert. Private Banken sahen ihre Probleme gelöst, während der Staat erhebliche Neuverschuldungen akzeptieren musste. Wieder war der IWF die anordnende Instanz dieser Finanzpolitik. Private Banken haben im Tausch gegen den Besitz privater Unternehmen die Nominalwerte ihrer Schuldpapiere eingesetzt, die im Sekundärmarkt mit nur rund 15% ihrer Nennwerte gehandelt wurden. Während die privaten Banken Gewinner der Krise waren, sah sich der Staat vor unlösbaren Schuldenproblemen.

Im Februar 2002 sah sich die argentinische Regierung gezwungen, private Gelder in den Banken einzufrieren. Ursache der Verschuldung wie des offenen Ausbruchs der Finanzkrise war im IWF zu suchen – im Januar 2002 hatte der IWF die Finanzen eingefroren, die Argentinien zur Verfügung gestellt werden sollten.

Das Land war mit massiven Protesten, Generalstreiks, Kapitalflucht in massivem Ausmaße und ziviler Gewalt konfrontiert. Die Wirtschaftsleistung ging kurzfristig auf den Nullpunkt zurück, Außenhandelsbeziehungen wurden unterbrochen, Kapitalverkehr gab es praktisch keinen mehr. Der Finanzminister Cavallo trat im Januar zurück, gefolgt von Rücktritten diverser Präsidenten, die sich innerhalb von 13 Tagen fünfmal gegenseitig ablösten. Am 2.

---

[18] Morazán, Pedro (2002), S. 1
[19] vgl. Morazán, Pedro (2002), S. 1

Januar schließlich übernahm Eduardo Duhalde die Geschäfte, der wiederum am 25. Mai 2003 an seinen Nachfolger Kirchner übergab.

Kirchner regiert nach Rückzug seines Wahl-Kontrahenten mit geringem Stimmenanteil (von 22%). Die politische Stabilität des Landes steht also weiterhin auf sehr tönernen Füßen. Kirchner konnte innerhalb der letzten Monate wesentliche Schritte zur Erneuerung der juristischen Kräfte des Landes durchführen.

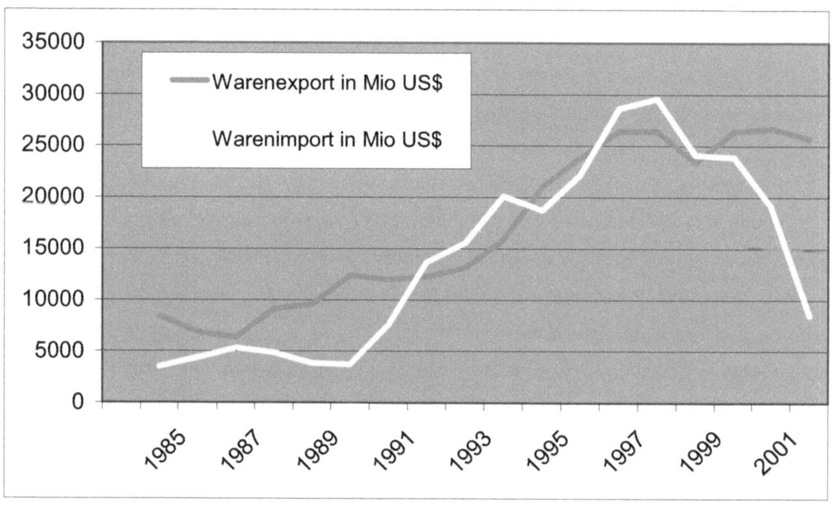

Abbildung 2: Warenimporte und –exporte Argentiniens in Mio. US$

Die Entwicklung der Importe und Exporte[20] zeigt deutlich, welche Auswirkungen eine Krise Argentiniens auf Bündnispartner haben muss. Als wichtiger Abnehmer zum Beispiel der Exportgüter Uruguays ist der deutliche Einbruch der Importe Argentiniens auch für sein Partnerland im Mercosur eine erhebliche Belastung.

4.2.3 Auswirkungen wirtschaftlicher Krisen auf den „kleinen Nachbarn" Uruguay

Die Auswirkungen der brasilianischen Währungskrise und der argentinischen Wirtschaftskrise auf die Nachbarländer waren enorm. Am Beispiel Uruguays lässt sich leicht demonstrieren, wie sehr kleine Staaten eines Wirtschaftsbündnisses von den großen Nachbarn abhängig sind.

Brasilien und Argentinien stellten noch 1998 den Hauptabnehmer von Exportprodukten für
Uruguay dar. Gemeinsam nahmen beide Länder rund 50% der Produkte von Uruguay ab.[21]
Die Folgen der Krisen in Brasilien und in Argentinien (s. 4.2.2) waren für Uruguay erheblich.

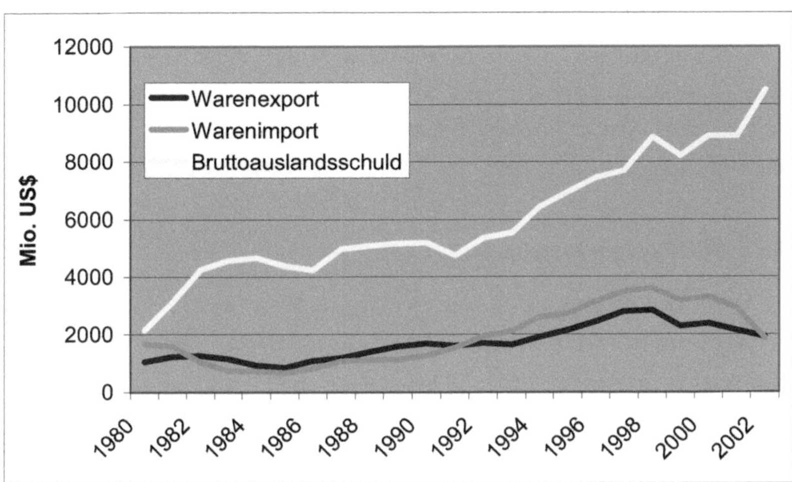

Abbildung 3: Warenimport, Exporte und die Bruttoauslandsschuld Uruguay in den Jahren 1982 bis 2002[22]

Nach der Abwertung des Real in Brasilien ist Uruguay von den zurückgehenden Erlösen
infolge der rückläufigen Exporte nach Brasilien betroffen. 1999 zeigt die Kurve der
Exporterlöse bereits deutliche Einschnitte. Parallel steigt die Höhe der Auslandsschuld in
diesem Jahr erheblich. Es wird gesagt, dass auch Uruguay (ähnlich wie Argentinien) im
größeren Umfang die nun günstigen brasilianischen Produkte importiert, zugleich die Exporte
nach Brasilien stark sinken.[23]

Ebenfalls deutlich zu sehen sind die zurückgehenden Exporte und Importe im Jahr 2002, die
wiederum von erhöhten Auslandsschulden begleitet werden. Parallel zur Argentinien-Krise
verzeichnet Uruguay rezessive Prozesse in der eigenen Wirtschaft. Die engen finanziellen
Verflechtungen zwischen Uruguay und Argentinien führten schließlich dazu, dass die eigene

---

[20] http://www.mercosur-info.com/al/lateinamerika_datenbank.shtml# (31.12.2003, 16:15 Uhr)

[21] vgl. http://www.ahk.de/bueros/u/uruguay/wirtschaftsinfos.html. (30.12.2003, 13:51 Uhr)

[22] http://www.mercosur-info.com/al/lateinamerika_datenbank.shtml# (02.01.2004, 01:15 Uhr)

[23] vgl. http://www.ahk.de/bueros/u/uruguay/wirtschaftsinfos.html (03.01.2004, 20:00 Uhr)

Währung im Juni 2002 vom Dollarkurs abgekoppelt werden musste, nachdem die staatlichen Reserven fast verbraucht waren. Nur das schnelle Eingreifen des inzwischen besser informierten IWF und konsequent durchgeführte landesinterne Bankenreformen konnten den Prozess noch aufhalten, der stark an die Abläufe in Argentinien erinnert.

Die Abhängigkeit Uruguays von Argentinien und Brasilien ist sicher nicht eindeutig nachweisbar, Parallelitäten in der wirtschaftlichen Entwicklung sind aber deutlich sichtbar. Natürlich müssen die Zahlen mit Rücksicht auf die weltweit rückläufigen Entwicklungen kritisch betrachtet werden, eine Parallelität mit den Nachbarn zeigen sie dennoch auf.

5   Kritische Stimmen am Beispiel Perú´s – Mercosur ja oder nein?

Kritische Stimmen über den Mercosur sind vor allem wegen der genannten wirtschaftlichen Krisen aus den kleinen Staaten Paraguay und Uruguay zu vernehmen, aber auch aus den Staaten, die aktuell für eine Aufnahme in den Handelsverband in Frage kommen. Die USA und die Europäische Union bieten ihrerseits bilaterale Verträge an, die USA kommen gar mit dem gesamtamerikanischen Ideenkonzept der ALCA, einem beide Kontinente umspannenden Konzept der Freihandelszone daher, zugleich bieten sie bilaterale Verträge für einen Freihandel an, die kurzfristig und im Vorfeld von Beitrittserklärungen als schnell funktionierende Markterschließung dienen sollen.

Für einen potentiellen Neuling im Mercosur wie beispielsweise Perú ist die Konfusion groß, ob der Beitritt zum südamerikanischen Bündnis oder die Vereinbarung bilateraler Handelsverträge mit nördlichen Industriestaaten vielversprechender sein würde. Zwei Leser des „el comercio", der peruanischen Tageszeitung aus Lima, beschreiben die Angst vor den großen Partnern und die aktuellen Gedanken über die Wahl strategischer Bündnispartner treffend:

> "[27/08/2003] Die strategische Allianz mit Brasilien und dem Mercosur ist
> möglich, aber es sind konkrete Fragestellungen zu klären. Zusammen
> betrachtet gibt es eine neue Realität, die radikal anders ist als der alte Stil,
> sich gegenseitig den Rücken zuzukehren, obwohl man eine gemeinsame
> Grenze hat. Es ist interessant, dass sie heute mit den Prozess der
> Aufnahme Peru´s in den Mercosur beginnen, aber sie werden die Dinge mit
> Ruhe in Angriff nehmen müssen, da die Ergebnisse einer Einwilligung zu
> einem Beitritt zu einem Markt mit 236 Millionen Verbrauchern nur dann von

großer Bedeutung sein wird, wenn unsere Industrie in entsprechender
Menge produzieren und im entsprechenden Umfang exportieren kann."[24]

„[18/12/2003] Die Nachricht über den Eintritt unseres Landes als
assoziiertes Mitglied in den Mercosur ist eine gute Neuigkeit, theoretisch
eröffnet uns dies enorme Möglichkeiten für einen Handel mit einem Markt
von 236 Millionen Menschen. Aber neben all dem Positiven, das daraus
werden kann, geht der Blick für die Reihenfolge von Prioritäten verloren bei
all den Integrationsvorhaben: zuerst der Vertrag über die Freihandelszone
mit den Vereinigten Staaten, dann die Verträge der ALCA und schließlich
die Europäische Union..."[25]

Die aktuelle Diskussion um den möglichen Beitritt Perú´s prägt das Tagesgeschehen
wirtschaftlich orientierter Presse. Assoziierte Mitglieder des Mercosur können teilhaben an
der Zollunion, stehen also als Handelspartner zur Verfügung, haben aber in den
Versammlungen des Mercosur keine Mitspracherechte. Die Zweifel an einem Beitritt als
assoziiertes Mitglied sind also durchaus gerechtfertigt, da man sich in Perú als „Absatzmarkt"
wenig Chancen errechnet, gegen die Leistungsfähigkeiten der brasilianischen oder
argentinischen Industrie eine Alternative bieten zu können und so zugleich als Exporteur am
Binnenmarkt des Mercosur teilzuhaben. Der brasilianische Präsident findet große Worte für
ein Treffen zur Verhandlung der Verträge in Lima:

„[26/08/2003] 'Brasilien und Perú erleben einen historischen Moment
politischer, wirtschaftlicher, kultureller und sozialer Integration,
möglicherweise das Wichtigste. Wir werden den ganzen Montag arbeiten
und möchten von hier mit unterzeichneten Vereinbarungen wieder
abreisen', sagte der brasilianische Präsident Lula am Sonntagabend im
Regierungspalast in Lima."[26]

---

[24] http://www.elcomercioperu.com.pe/noticias/html/2003%2D12%2D31/opinion0092557.html
(01.01.2004, 18:20 Uhr), eigene Übersetzung

[25] http://www.elcomercioperu.com.pe/noticias/html/2003%2D12%2D31/opinion0092554.html
(01.01.2004, 18:15 Uhr), eigene Übersetzung

[26] http://www.cusconoticias.com/modules/news/article.php?storyid=1986 (02.01.2004, 20:20 Uhr),
eigene Übersetzung

Das Interesse Brasiliens am Beitritt Perú´s ist groß. Ganz lässt sich das Gefühl nicht verbergen, dass Brasilien hauptsächlich eigene wirtschaftliche Interessen im Namen des Mercosur vertritt. Inwieweit die Worte Lula´s, vor allem eine „soziale Integration" zu fördern, der Realität entsprechen, ist durchaus zu bezweifeln. Die Delegation seiner Reise nach Perú spricht für sich – Sozialminister waren nicht dabei:

> "[26/08/2003] Lula hielt seine Rede nach seiner Ankunft in Perú, begleitet von seinem Außenminister Celso Amorim und einer großen Delegation, zu der nicht weniger als eine Hundertschaft brasilianischer Unternehmer gehörten."[27]

Der Integrationsprozess wird bei aller Kritik in Perú sehr ernst genommen, neben den Risiken sieht man durchaus die Chance, am großen Markt teilzuhaben. Auffällig ist, dass in den Diskussionen wenig „globales Denken" zu finden ist. Die Kritiken beschränken sich augenscheinlich auf die Aussage, dass kurzfristige wirtschaftliche Risiken zu sehen sind. Insgesamt wird wenig über die längerfristigen Chancen eines breiter angelegten Mercosur in der Verhandlung gegenüber Drittstaaten und für die Teilnahme am weltweiten Handelsgeschehen diskutiert.

6 Transoceánica – Regionale Integration am Fallbeispiel "Straßenbau"

Freier Handel ist eine der wesentlichen Voraussetzungen für eine erfolgreiche regionale Integration. Der Binnenhandel und der gemeinsame Außenhandel von Gütern setzt eine internationale Austauschmöglichkeit für Waren voraus. Der Integrationsprozess des Mercosur weitet sich aktuell auf die Staaten Ecuador und Perú aus. Beide Staaten streben zunächst den Status eines assoziierten Mitgliedes an.

Die Neuaufnahme verlangt Anstrengungen auf allen Seiten. An einem aktuellen Beispiel tritt der Integrationsprozess an die Oberfläche: der Bau der Transoceánica, einer befestigten Straße, die durch den brasilianischen Regenwald über die peruanische Grenze bis zur Pazifikküste führt, erregt derzeit das Interesse der Öffentlichkeit in Brasilien und Perú. Das Ziel des großen Projektes ist die Erschließung eines Transportweges zu pazifischen Häfen, dem Tor zum asiatischen Markt. Zugleich soll der Binnenhandel der Mercosur-Mitglieder und -Anwärter gefördert werden.

Die Straße ist auf brasilianischer Seite fast fertiggestellt. Nun verlangt Brasilien im Zuge des Handelsabkommens[28] die Fertigstellung auch auf peruanischer Seite. In Perú wird derzeit die Trassenführung diskutiert. Der Grenzübergang wird, durch den bereits fertiggestellten Teil in Brasilien definiert, im District Madre de Dios (nahe Cusco) liegen. Die Trasse kann von dort aus durch den District Cusco in westliche Richtung oder aber durch den District Puno in süd-südwestliche Richtung führen. Auch der Bau beider Trassen und ihre Verbindung auf peruanischer Seite wird diskutiert. In jedem Fall ist „die Transoceánica" nicht nur eine einzelne Straße, sondern eine verzweigte Straße, die wenigstens zwei Hafenstädte mit dem brasilianischen Regenwald verbinden soll.

Die Überquerung der Anden ist mit hohen finanziellen Aufwänden verbunden. Offen berichtet wird nur wenig über die Ausgaben, von einer Summe von vorläufigen rund 130 Millionen US$ ist allerdings wiederholt zu lesen. Diese Summe ist mit äußerster Vorsicht betrachtet nur ein kleiner erster Schritt.[29]

Nach seinem Amtsantritt 2001 hat Präsident Toledo eine Untersuchung in Auftrag gegeben, die mögliche Trassenführungen auf ihre Eignung hin zu überprüfen. Die Regionen Cusco und Puno stehen seitdem in dieser Sache in einem Konkurrenzkampf, der sich in zum Teil heftigen Demonstrationen zwischen Befürwortern und Gegnern des Projektes äußert.

> „In Cusco legten 30.000 Demonstranten einen Tag lang die Stadt lahm. In
> Puno gab es eine Schlacht mit der Polizei, und Befürworter der Straße
> nahmen zwei Politiker als Geiseln."[30]

Inzwischen steht fest, dass es mehr als eine Trasse geben wird, die aus dem Bezirk Madre de Dios zur Pazifikküste führen wird. Genaue Vorstellungen vom Verlauf der Straße hat die Regierung bislang nur vom Bezirk im Regenwald. An dieser Stelle melden sich bereits Umweltschützer zu Wort, die in dem Projekt eine weitere Fortsetzung einer Reihe von gescheiterten Straßenbaumaßnahmen sehen, die zwar die Wirtschaft nicht unterstützen,

---

[27] http://www.cusconoticias.com/modules/news/article.php?storyid=1986 (02.01.2004, 20:20 Uhr), eigene Übersetzung

[28] vgl. Kap. 5

[29] vgl. Dourojeanni, Marc (2001). Hier wird dieser Betrag als „erster Schritt" im Projekt genannt, der zu über 50% durch ausländische Kredite finanziert wird. Mit erheblichen Folgekosten ist laut Dourojeanni zu rechnen. So spricht er von vergleichbaren Projekten in Brasilien, die zwischen 260 Mio und 400 Mio US$ gekostet haben.

[30] Conover, Ted (2003), S. 110

dafür aber durch die direkte Förderung des Schwarzhandels mit tropischen Hölzern dem Raubbau am Regenwald die Wege ebnen. Ted Conover berichtet von einem Besitzer eines Sägewerkes in der Region, der sich im Gespräch über den Raubbau und die Transoceánica äußert:

> „Da die Hälfte der Provinz [...] von Biosphärenreservaten und Naturschutzgebieten bedeckt und ein weiteres Viertel im Besitz indigener Gruppen und Paranusssammler ist, gibt es nicht genug Mahagoni, das man legal ernten könnte. [...] Was die Transoceánica betreffe, sagt er, könne sie für die wirtschaftliche Entwicklung dieser Region nur gut sein. Die Transporte würden günstiger, und man könne das Holz schneller und in besserem Zustand auf den Markt bringen.“[31]

Die Trassenführung auf brasilianischer Seite zeigt schon jetzt, wie gravierend die Auswirkungen für die Umwelt und auch die Menschen sind. Schon kurz nach dem Bau der Straße siedelten sich erste Arbeiter an, die wegen der vereinfachten Transportbedingungen im Holzabbau neue Gebiete erschließen. Ein baumfreier Streifen von bis zu 50km Breite beidseits der Straße ist das Ergebnis. Die Siedlungen sind meist nur von kurzer Dauer. Nach dem Abbau gibt es keine weiteren Erträge, die Arbeiter ziehen wieder fort und hinterlassen den wüstenähnlichen Streifen.

Die Auswirkungen des Projektes sind nicht abzuschätzen. Ob ein wirtschaftlicher Gewinn zu erzielen ist, ist zumindest auf peruanischer Seite fraglich, denn das Interesse, Waren zur Atlantikküste Brasiliens zu transportieren, ist nicht vorhanden. Ob tatsächlich ein Export auch von peruanischer Seite nach Brasilien zustande kommt, bleibt abzuwarten. Ein Anthropologe formuliert im Gespräch mit Ted Conover vage, was kurzfristig zu befürchten ist:

> „Indigene Völker werden unter neuen Krankheiten leiden, sagt er, sie werden ihre Heimat verlieren und entwurzelt. Vermutlich werden illegale Drogengeschäfte und die Prostitution zunehmen. Und fast sicher werde die Straße gebaut, bevor die Planungen überhaupt abgeschlossen sind.“[32]

---

[31] Conover, Ted (2003), S. 116f
[32] Conover, Ted (2003), S. 121

Die Gegner der Straße greifen auf Erfahrungen mit anderen, ähnlichen Projekten zurück und liefern als Argument die Vorkommnisse auf der brasilianischen Seite, die nach der Fertigstellung der Teilstrecke zu beobachten sind. Befürworter appellieren an die Politik, Integrationsmaßnahmen zu unterstützen, den langfristigen Fortschritt nicht zu bremsen und dieses Projekt mit Nachdruck zu verfolgen, um endlich am gemeinsamen Markt teilnehmen zu können. Beide Seiten liefern Argumentationen, die durchaus nachvollziehbar sind. Weniger das Projekt als solches, vielmehr die Geschwindigkeit, die Nachhaltigkeit und die Vermeidung negativer Neben- und Folgeerscheinungen sollten im Zentrum der Gespräche stehen.

7 EU oder USA – wer macht das Rennen um die Gunst Lateinamerikas?

In den Integrationsprozess des Mercosur „platzen" die USA mit der Entwicklung der ALCA, die aufgrund ihrer offensiven Bemühungen um bilaterale Beziehungen mit den südamerikanischen Staaten gegen die Interessen des Mercosur arbeiten. Kritiker sprechen von einer aggressiven Werbung um Mitglieder seitens der USA, um die Prozesse des Mercosur zu stören und innerhalb der ALCA sehr offensiv die Interessen der Amerikaner durchzusetzen und „herkömmliche" Strukturen im Handel mit Südamerika zu erhalten/ zu festigen. Die EU gibt sich gern als Helfer des Mercosur und der Länder Lateinamerikas allgemein, arbeitet aber dennoch (eher verdeckt) für die Förderung von bilateralen Handelsabkommen (vornehmlich mit Brasilien).

Die Meinungen über Akzeptanz oder Kritik am Mercosur driften stark auseinander. Während unter den Mitgliedstaaten weitgehend Einigkeit über die Notwendigkeit eines gemeinsamen Bündnisses herrscht, wird außerhalb der südamerikanischen Ökonomiefreundschaft um die Gunst des neuen Absatzmarktes gebuhlt oder die südamerikanische Einigkeit gestört, um der Gefahr einer südamerikanischen Wirtschaftsmacht vorzubeugen. Während die Europäische Union bilaterale Abkommen vornehmlich mit Brasilien forciert[33], ist vor allem die Kritik an den Bemühungen zur Bildung einer gesamtamerikanischen Freihandelszone laut geworden, denen man den Hang zur Festigung von Hegemonialansprüchen vorwirft:

> „Hauptinteressent an der FTAA/ALCA ist wohl die US-Industrie, denn die in
> den 90er Jahren gesteigerte Wirtschaftskraft Lateinamerikas verspricht
> erweiterte Absatzchancen. Eher skeptisch bis ablehnend verhalten sich die

---

[33] vgl. Benecke, Dieter W. (2000), S. 4

Gewerkschaften, die Agrarverbände und Umweltorganisationen. Überzogen
sind sicher die Anschuldigungen Fidel Castros, dass die USA die FTAA/ALCA
nur aus Hegemonialgründen schaffen wollen."[34]

Bereits 1991 hatte der amerikanische Ex-Präsident George W. Bush sen. erste Verträge mit
den Mercosur-Staaten abgeschlossen, die eine Integration des Bündnisses in die
gesamtamerikanische Idee eines zollfreien Warentausches zum Ziel haben sollte. Unter dem
Namen der *Initative der beiden Amerikas* gelang es 1996, 34 amerikanische Länder (mit
Ausnahme Cubas) zur Gründung der *Aerea de libre Comercio de las Americas* (ALCA)
zusammenzuführen.

Europa ist für den Mercosur ebenfalls einer der wichtigsten Handelspartner. 25 % der
Importe stammen aus der Europäischen Union, 23% der Exporte gehen nach Europa. Die EU
und NAFTA sind fast gleichwertige Handelspartner der südamerikanischen Vereinigung.

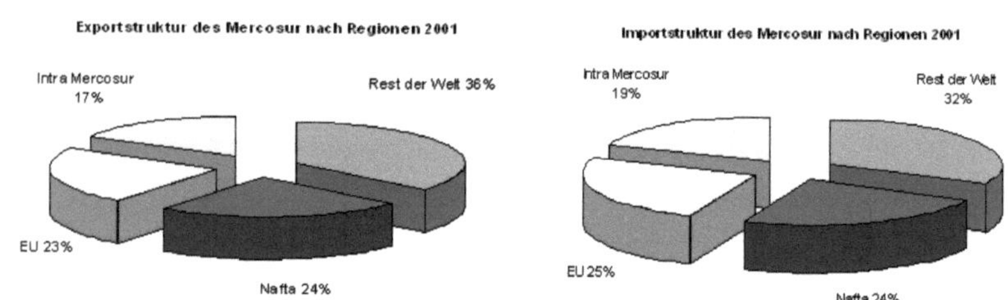

Abbildung 4: Export- und Importstruktur des Mercosur nach Regionen[35]

8 Kommentar

Am 18. Februar 2002 unterzeichneten die Mitgliedsstaaten des Mercosur das sogenannte
„Protokoll von Olivos"[36]. Darin wird erstmals die Errichtung eines gemeinsamen permanenten
Gerichtshofes erwähnt, der ähnlich dem Vorbild des Europäischen Gerichtshofes die
Beilegung von Streitigkeiten auf einer supranationalen Ebene vorsieht. Damit ist ein erster

---

[34] Benecke, Dieter W. (2000), S. 4

[35] http://www.mercosur-info.com/al/handelsstatistiken.shtml#Handelsaustausch_Mercosur
(03.01.2004, 22:00 Uhr)

[36] vgl. Protokoll von Olivos (2002), In: http://www.sice.oas.org/trade/mrcsr/olivos/acta_501.asp
(03.01.2003, 16:00 Uhr)

Schritt zur Institutionalisierung des Mercosur getan, den der noch junge Staatenbund so dringend nötig hat.

Die Integrationsvorhaben Südamerikas werden immer wieder von nationalen Eigeninteressen und von Angeboten für konkurrierende bilaterale Handelsabkommen durchkreuzt. Der Integrationsprozess erschiene leichter, wenn die europäischen und nordamerikanischen Interessenten am südamerikanischen Markt oder Rohstoff den Prozess nicht stören würden, nur ist wohl eine „Rücknahme" der eigenen Wohlfahrt nicht zu verlangen. So kommt es auf die Vernunft der südamerikanischen Staaten an, den Prozess mit Überzeugung fortzusetzen.

Die wirtschaftliche Basis für eine gesicherte Existenz der Nationen Südamerikas kann meiner Ansicht nach durchaus durch ein gefestigtes Bündnisdenken gefördert werden, für das Erlangen einer gewissen Unabhängigkeit von den übrigen Wirtschaftsblöcken ist sie sogar dringend erforderlich und längst überfällig.

Spannend bleibt die Frage, ob Südamerika den Angeboten konkurrierender Verträge widerstehen kann. Weniger spannend wäre die Entwicklung, wenn die Nationen wieder einmal eigene Interessen am kurzfristigen Ausverkauf ihres Landes und den damit verbundenen minimalen Einnahmen vor einer nachhaltigen Verbesserung ihrer Position und einer Beteiligung am Welthandelsgeschehen favorisieren. Was wir gemeinhin als „Globalisierung" bezeichnen, ist ein Prozess, der bereits alt und zudem nicht aufzuhalten ist. Neu stellt sich allerdings immer wieder die Frage, *wie* er zu gestalten ist.

Die Industrienationen der nördlichen Hemisphäre werden es nicht mögen, wenn Lieferanten und Abnehmer ihrer Rohstoffe und Produkte sich formieren. Für einen Interessensausgleich am globalen Geschehen wird es höchste Zeit.

Abkürzungen

ALADI	Asociación Latinoamericana de Integración (Lateinamerikanischer Interessensverband zur Integration)
ALALC	Associacao Latino-Americana de Integracao (Lateinamerikanische Integrationsgesellschaft)
ALCA	Area de Libre Comercio de las Américas (=FTAA)
ASEAN	Association of South-East Asian Nations (Gemeinschaft Südostaseatischer Staaten)
AU	African Union (Afrikanische Union)
CAN	Communidad Andina (auch: Andengemeinschaft)
CAUCE	Convenio Argentino Uruguayo de Cooperación Económica
CCM	Comisión de Comércio del Mercosur (Handelskommission des Mercosur)
CMC	Consejo del Mercado Común (Rat des Gemeinsamen Marktes)
CPC	Comisión Parlamentária Conjunta (Gemeinsame parlament. Kommission)
EU	European Union (Europäische Union)
FCSE	Foro Consultivo Económico-Social (Ber.-Forum f. Wirtsch.- u. Sozialfragen)
FTAA	Free Trade Area of the Americas (=ALCA)
GMC	Grupo Mercado Común (Gruppe des Gemeinsamen Marktes)
GUS	Gemeinschaft Unabhängiger Staaten
Mercosur	Mercado Común del Sur
NAFTA	North American Free Trade Agreement
PEC	Programa de Expansión Comercial con Brasil
PICAB	Programa de Integration Argentina – Brasil (Argentinisch- Brasilianisches Integrationsprogramm)
SAM	Secretaria Administrativa del Mercosur (Verwaltungssekretariat des Mercosur)
SGT	Subgrupos de Trabajo (Arbeitsgruppen)
TICD	Tratado de Integracion, Cooperation y Desarollo (Vertrag zur Einrichtung eines gemeinsamen Marktes)

Quellen

<u>Literatur:</u>

Anderson, Jeffrey J. (1991): Regional Integration an Democracy – Expanding on the European Experience. Washington. Rowman an Littlefield Publishers Inc.

Baratta, Dr. Mario von (Hrsg.; 1996): Der Fischer Weltalmanach 1997. Frankfurt a.M. Fischer.

Baratta, Dr. Mario von (Hrsg.; 2001): Der Fischer Weltalmanach 2003. Frankfurt a.M. Fischer.

Baratta, Dr. Mario von (Hrsg.; 2003): Der Fischer Weltalmanach 2004. Frankfurt a.M. Fischer.

Basedow, Jürgen, Samtleben, Jürgen (2001): Wirtschaftsrecht des MERCOSUR - Horizont 2000. Tagung im Max-Planck-Institut für ausländisches und internationales Privatrecht am 21.-22. Januar 2000. Baden-Baden. Nomos.

Benecke, Dieter W. (2000): 2005: ein strategisches Datum für den südamerikanischen Kontinent. In: http://www.kas.de/publikationen/2000/3055_dokument.html (03.01.2004, 17:00 Uhr).

Conover, Ted (2003): Der Highway durch die Anden. In: National Geographic Deutschland. 01.06.2003. Heft Nr. 06/03, S. 104-123.

Diaz Porta, Helena, Hebler, Martin, Kösters, Wim (2001): Mercosur. Probleme auf dem Weg zu einer Zollunion. In: Arbeitshefte des Lateinamerika-Zentrums. Heft Nr. 69, S. 2-31. Münster. Centrum Latinoamericano.

Dourojeanni, Marc (2001): Impactos socioambientales probables de la carretera transoceánica (Río Branco-Puerto Maldonado-Ilo) y la capacidad de respuesta del Perú. Arequipa. In: http://habitat.aq.upm.es/boletin_ /n19/amdou.html (02.01.2004, 23:30 Uhr).

Jaeger, Gerold M. (2003):Grenzüberschreitende Sitzverlegung von Kapitalgesellschaften im MERCOSUR und im EU-Recht. Dissertation. Baden-Baden. Nomos.

Morazán, Pedro (2002): Argentinien: Krise ohne Ende? Siegburg. Südwind. In: http://www.attac.de/aktuell/020124_argattackurz.pdf (04.01.2004, 17:50 Uhr)

Niess, Frank (1999): Der Glamour der Gipfel und die Mühen der Ebene. Die Dreiecksbeziehung USA – Lateinamerika – Europa. In: Lateinamerika: Analysen, Daten, Dokumentation. Heft Nr. 41. Hamburg. Institut für Iboamerika-Kunde (IIK).

O´Connel, Arturo (2001): Los desafios del Mercosur ante la devaluación de la moneda brasileña. In: Estudios estadisticos y prospectivos, Division de Estadística y Proyecciónes Económicas, CEPAL. Santiago de Chile. S. 5-45. In: http://www.eclac.cl/publicaciones/_ Estadisticas/8/LCL1498P/lcl1498e.pdf (04.01.2004, 17:30 Uhr).

Ohr, Renate, Gruber, Thorsten (2001): Zur Theorie Regionaler Integration; in: Ohr, Renate, Theurl, Theresia (Hrsg.): Kompendium Europäische Wirtschaftspolitik. München. Verlag Vahlen.

Pacheco Osório, Sandra (2002): Regionale Integration am Beispiel des Mercosur : ein erfolgreiches Integrationsprojekt? Dissertation. Universität Osnabrück.

Sangmeister, Hartmut (2001): Zehn Jahre MERCOSUR. Eine Zwischenbilanz. In: Ibero-Analysen. Dokumente, Berichte und Analysen aus dem Ibero-Amerikanischen Institut. Heft 9.

Wehner, Ulrich (1999): Der MERCOSUR. Baden-Baden. Nomos.

Zippel, Wulfdiether (Hrsg. ;2002): Die Beziehungen zwischen der EU und den Mercorsur-Staaten : Stand und Perspektiven. Nomos.

<u>Internet:</u>

http://www.ahk.de

http://www.argentinische-botschaft.de

http://www.attac.de

http://www.destatis.de

http://www.elcomercioperu.com.pe/online/

http://www.erdkunde-online.de

http://www.german-foreign-policy.com

http://www.ila-bonn.de

http://www.ixpos.de

http://www.kas.de

http://www.larepublica.pe.com

http://www.mercosur-info.com

http://www.vda.de